LA GÉOMÉTRIE

AFFRANCHIE

DU

POSTULATUM

D'EUCLIDE

PAR

HENRI FLEURY

CHEF D'INSTITUTION,

Licencié ès-sciences mathématiques

Jusqu'ici on n'a encore trouvé aucun moyen rigoureux de se passer du célèbre *postulatum* de ce grand géomètre.

(M. Duhamel, *des méthodes dans les sciences de raisonnement*, 2ᵐᵉ partie, page 337.)

PARIS

BERTHOUD FRÈRES, LIBRAIRES-ÉDITEURS

QUAI DES GRANDS-AUGUSTINS, 45

MARSEILLE

CHEZ L'AUTEUR, RUE PARADIS, 106

1869

LA GÉOMÉTRIE

AFFRANCHIE

DU

POSTULATUM

D'EUCLIDE

PAR

H. FLEURY

CHEF D'INSTITUTION

Licencié ès-sciences mathématiques

Jusqu'ici on n'a encore trouvé aucun moyen rigoureux de se passer du célèbre *postulatum* de ce
grand géomètre.

(M. Duhamel, *des méthodes dans les sciences
de raisonnement,* 2ᵐᵉ partie, page 337.)

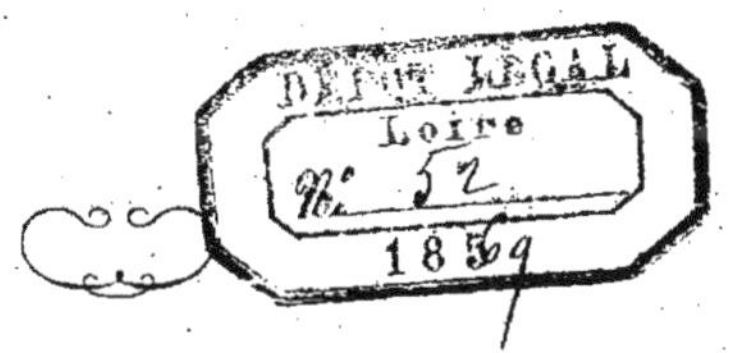

SAINT-ÉTIENNE

Imprimerie MONTAGNY, rue Gérentet, 14.

1869

DISCOURS PRÉLIMINAIRE

Affranchir la *Géométrie* du postulatum d'Euclide, *l'analyse infinitésimale* du postulatum ou principe leibnitzien; généraliser l'*invention népérienne*, de manière à suppléer à son insuffisance envers les nombres négatifs, qu'elle condamne tous à être privés de logarithmes réels : telles sont les trois questions fondamentales dont j'entreprends de publier les solutions.

Quoique ces questions paraissent de nature fort différente, les solutions que j'en donne résultent cependant d'une même idée, de celle que j'attache à la grandeur tant absolue que relative des quantités dites infinitésimales.

Cette idée sera amplement développée et discutée dans l'ouvrage relatif au principe leibnitzien. Celui-ci aura pour unique objet d'affranchir entièrement et pour toujours la géométrie, non-seulement du trop fameux postulatum d'Euclide, mais aussi de sa définition des parallèles, qui, ayant le même défaut, doit être rejetée pour le même motif.

Depuis Euclide, c'est-à-dire depuis plus de deux mille ans, la géométrie fait fausse route à l'endroit de la théorie des parallèles. On comprend sans peine que le défaut de cette théorie a été comme stéréotypé par les éminentes qualités de l'immortel géomètre, qui a posé et développé les principes de la science avec une clarté et une rigueur telles qu'aujourd'hui encore, M. Duhamel (1) ne craint pas de dire sa géométrie supérieure à celle de Legendre, ni d'affirmer qu'en fait de

---

(1) *Des Méthodes dans les Sciences de raisonnement*, 2me partie, page 326.

théorie des parallèles, on n'a rien trouvé de mieux jusqu'ici que celle du géomètre grec.

Euclide, tout le premier, a vu dans sa théorie une difficulté insurmontable, et il a eu le bon esprit de ne pas chercher à l'esquiver. Au dire de M. Duhamel, cette difficulté n'a pas encore été surmontée, malgré tous les efforts de tant de géomètres pour démontrer ou remplacer le célèbre postulatum.

En donnant ce nom à une proposition, Euclide comprenait bien qu'elle ne pouvait être acceptée à titre d'axiome, et il l'aurait mise au nombre des théorèmes, s'il ne s'était vu dans l'impossibilité de la démontrer.

La chaîne des propositions est donc interrompue, et présente une solution de continuité à l'endroit du postulatum.

D'Alembert trouvait ce défaut si considérable que, selon lui, il faisait le scandale de la géométrie.

On comprend, en effet, que ce défaut ne saurait être inhérent à la nature de la science, pas plus qu'à celle de l'entendement humain : et voilà pourquoi l'insuccès, sans cesse renouvelé, des géomètres qui nous ont précédés, ne nous empêche pas de revenir à l'assaut, pour essayer de franchir la difficulté qui les a tous arrêtés.

Les géomètres d'aujourd'hui, jugeant la difficulté insoluble, prennent le parti de la masquer ou de l'affaiblir en cherchant à mettre le postulatum au rang des axiomes.

Font-ils pas mieux que de se plaindre ?

Je ne vois pas un seul géomètre, même de ceux qui, comme Legendre, ont le plus travaillé à surmonter la difficulté, qui en ait soupçonné la vraie cause.

Nous voilà donc en présence d'une difficulté dont on a donné toutes les solutions excepté la bonne ; et ce qui fait qu'on n'a pas même soupçonné la vraie, c'est qu'elle est la moins vraisemblable.

La vraie raison de la difficulté, la voici : la définition des parallèles et le postulatum d'Euclide constituent deux propositions fausses dans toute la force du terme ; en sorte que sa théorie des parallèles, qui repose tout entière sur ces deux propositions, se trouve absolument sans aucun fondement.

Euclide énonce sa définition en ces termes :

Les parallèles sont des droites qui étant placées sur un même plan, et prolongées de part et d'autre à l'infini, ne se rencontrent nulle part.

Et son postulatum se ramène à cet énoncé :

Une perpendiculaire et une oblique à une même droite, prolongées à l'infini, ne se rencontrent jamais.

Personne n'a jamais douté de la parfaite exactitude de ces deux propositions. Quand je dis qu'elles sont fausses, mon assertion ne saurait donc être plus paradoxale. C'est pourtant une vérité dont je veux établir ici la parfaite exactitude.

Tout d'abord je répondrai à l'objection qu'on pourrait me faire en disant : s'il est vrai que ces deux propositions soient parfaitement fausses, comment se fait-il que toutes celles qu'on en déduit ne le sont pas pareillement ?

RÉPONSE. C'est justement parce que ces deux propositions sont parfaitement fausses, qu'il est moins étonnant qu'on en déduise facilement d'autres propositions parfaitement exactes, comme nous allons le montrer par des exemples.

1er EXEMPLE. Les deux propositions $5 = 9$ et $3 = 7$ sont évidemment fausses ; cependant, en retranchant la seconde de la première, on trouve $2 = 2$, qui est une identité pafaite.

2me EXEMPLE. Les deux propositions :

1° *On appelle or tout métal qui n'est pas blanc,*

2° *Tout métal qui n'est pas blanc est jaune,*

sont également fausses, puisque le cuivre est rouge. Cependant, il en résulte que l'or est jaune ; ce qui est parfaitement exact.

3me EXEMPLE. Les deux propositions :

1° *Les poissons sont tous les animaux qui ne volent pas dans l'air,*

2° *Tous les animaux qui ne volent pas dans l'air, nagent dans l'eau,*

sont également fausses, puisque les quadrupèdes vivent sur la terre. Cependant on en déduit que les poissons nagent dans l'eau.

Dans tous ces exemples, l'erreur de la première proposition se trouve compensée et redressée par celle de la seconde. De même l'erreur de la définition des parallèles se trouve redressée par celle du postulatum.

Dans les exemples précédents, ce n'est pas de la première proposition seule qu'on pourrait tirer une conclusion exacte; de même, ce n'est pas de la définition d'Euclide qu'on pourrait tirer la théorie des parallèles. C'est de l'accouplement des deux propositions fausses que vous faites surgir cette théorie.

Mais il me faut montrer directement que la définition et le postulatum d'Euclide constituent deux propositions fausses.

On voit par là que je suis très-loin de compte avec ceux qui, comme Legendre et Bertrand de Genève, ont cru démontrer le postulatum, ainsi qu'avec ceux qui prétendent aujourd'hui nous l'imposer à titre d'axiome.

Toute définition exacte doit être réciproque. Ainsi par cette définition :

On appelle triangle un polygone de trois côtés,
on entend que tout triangle est un polygone de trois côtés, et que tout polygone de trois côtés est un triangle.

De même, par la définition des parallèles on entend que deux parallèles ne peuvent pas se rencontrer, et que *deux droites qui ne peuvent pas se rencontrer sont parallèles.*

Or, la première de ces deux propositions est incontestable; mais la seconde est fausse. Elle est fausse, parce qu'il n'est pas vrai que deux droites qui ne peuvent se rencontrer soient nécessairement parallèles.

Le postulatum est également faux, parce qu'il n'est pas vrai qu'une perpendiculaire et une oblique à une même droite se rencontrent nécessairement.

Du reste, d'après l'idée que nous avons des parallèles, la perpendiculaire et l'oblique sont deux droites non parallèles. Or, les deux propositions :

1° *Deux droites qui ne se peuvent rencontrer, sont parallèles,*

2° *Deux droites non parallèles se rencontrent nécessairement,*
sont équivalentes, et les erreurs qu'elles renferment le sont aussi.

Il n'est donc pas étonnant que ces erreurs se compensent et se redressent dans le raisonnement, comme les erreurs égales des deux propositions 5 = 9, 3 = 7, se détruisent, lorsque, par soustraction, on en déduit l'idendité 2 = 2.

Pour que l'erreur soit évidente et incontestable; il suffit que je présente un exemple dans lequel deux droites non parallèles, ou une perpendiculaire BC (fig. 14) et une oblique AD à la même droite AB, ne peuvent jamais se rencontrer, quelque loin qu'on les prolonge.

Cet exemple ne sera pas difficile à trouver : la même figure 14 nous le met devant les yeux.

Pour le bien voir, le bien suivre et le bien comprendre, supposez que vous regardiez cette figure à travers une loupe qui ait la propriété de la grossir graduellement et indéfiniment. Que verrez-vous alors ? Une perpendiculaire et une oblique qui grandiront indéfiniment sans jamais se rencontrer, puisqu'elles s'éloignent toujours, au lieu de se rapprocher.

En d'autres termes, si la figure grandit en conservant toujours les mêmes proportions, la perpendiculaire et l'oblique grandiront infiniment sans jamais se rencontrer, puisque leur distance grandit dans le même rapport que les deux droites.

Vous me direz : un tel exemple n'était pas difficile à trouver; mais ce n'est pas ainsi que nous comprenons la chose, et personne ne l'a jamais entendue de cette manière.

Je sais que vous n'entendez pas la chose de cette manière; mais tant pis, si vous l'entendez mal. C'est toujours ce qui arrive quand le faux est pris pour le vrai; c'est l'histoire de toutes les aberrations de l'esprit humain.

Lorsque Christophe Colomb fit tenir l'œuf sur sa pointe, on n'entendait pas la chose de cette manière.

Avant le premier qui reconnut le mouvement de la terre autour du soleil, tout le monde entendait la chose autrement, et faisait tourner le soleil autour de la terre.

A l'époque où l'on découvrit que la pesanteur de l'air était la vraie cause de l'ascension de l'eau dans les tuyaux de pompe, on entendait la chose fort différemment, et tous les philosophes enseignaient que l'ascension de l'eau était due à l'horreur que la nature avait toujours montrée pour le vide.

Plus récemment, au commencement de ce siècle, avant que

Blackett eût constaté que les roues de la locomotive mordent suffisamment sur le rail pour entraîner le mouvement de la machine, nos savants ingénieurs s'accordaient tous à faire tourner les roues sur place, comme celle d'un moulin, qui tourne sur son axe sans entraîner le moulin.

Vous entendez que la grandeur de AB et celle de l'angle DAE de vos deux droites restent constantes. C'est-à-dire que vous introduisez tacitement deux conditions qui favorisent ou assurent la rencontre, mais qui ne sont pas dans l'énoncé du théorème. L'énoncé vous permet, il est vrai, de prendre vos deux droites aussi longues que vous le voudrez; mais il me laisse le droit de prendre la distance AB aussi grande que vos deux droites, de même que celui de prendre l'angle DAE assez petit pour que dans le cas même où la distance AB n'aurait qu'un millimètre, l'oblique AD ne pût rencontrer BC.

Les deux conditions que vous introduisez dans la question, en vous donnant la grandeur de la distance AB et celle de l'angle DAE, assurent la rencontre des deux droites et vous permettent d'en mesurer ou calculer la distance. Mais, comme ces conditions n'entrent pas dans l'énoncé du théorème, la démonstration générale doit s'étendre aux cas où la rencontre est impossible, et par conséquent elle est elle-même impossible, parce qu'on ne peut démontrer la vérité de ce qui n'est pas vrai.

Quand vous prolongez la droite BD (fig. 15) aussi loin qu'il vous plaît, vous éloignez l'extrémité D ; mais il est évident que cette extrémité reste. Qu'elle échappe à la vue ou même à l'imagination, personne ne sera absurde au point de dire qu'elle n'existe plus. En joignant cette extrémité au point A, on voit clairement que toutes les droites menées de ce point dans l'angle DAE, petit ou grand, ne peuvent rencontrer la perpendiculaire BD. Il y a donc dans cet angle une infinité d'obliques qui ne sauraient rencontrer la perpendiculaire.

Lorsque les figures 14 et 15 grandissent en conservant les mêmes proportions, on peut supposer que la perpendiculaire reste fixe de position ; alors l'oblique se transporte parallèlement à elle-même dans le plan des deux droites. Faut-il en conclure qu'on ne reste plus dans les conditions de l'énoncé, qui suppose qu'on prolonge les droites sans les changer de position? Nullement, car le postulatum dit que les deux droites se rencontreront dans toutes les hypothèses possibles, pourvu qu'elles fassent, d'un même côté d'une sécante, deux angles intérieurs non supplémentaires.

Du reste, si vous voulez voir la chose plus clairement, supposez que le plan de la figure 14, prolongé à l'infini, soit tout couvert de parallèles à l'oblique AD. Lorsque la figure grandit en conservant les mêmes proportions, l'oblique AD s'éloigne toujours de la perpendiculaire BC, et ainsi il est impossible qu'elle la rencontre jamais. Or, si la perpendiculaire n'est jamais rencontrée par l'oblique, à plus forte raison elle ne sera jamais rencontrée par les parallèles situées au-delà de l'oblique.

Le postulatum d'Euclide est donc une proposition fausse. Par suite, tout raisonnement par lequel on démontre le postulatum, est nécessairement absurde; et à plus forte raison est-il absurde de faire un axiome du postulatum, car il y a loin d'une proposition fausse à une proposition évidente par elle-même.

Quand je parle d'un plan prolongé à l'infini, c'est pour me conformer au langage défectueux inhérent à la définition et et au postulatum d'Euclide. Dans la réalité, un plan, comme une droite, est nécessairement limité. Le tableau noir que j'ai devant les yeux, me représente un plan; si on le prolonge, on éloigne les limites, mais on ne peut pas les enlever. Supposer un plan sans limites, c'est supposer l'impossible et l'absurde.

Prenez une droite et un point sur un tableau noir; vous pourrez mener par le point une infinité de droites qui rencontrent la droite donnée, et une infinité d'autres qui ne la rencontrent pas. Ce qui a lieu sur un plan limité aux dimensions d'un tableau noir, se reproduit identiquement sur un plan supposé infiniment grand. En effet, pour passer du premier cas au second, il suffit de choisir une unité incomparablement plus grande, de remplacer, par exemple, le millimètre par la plus grande des distances qui séparent deux étoiles.

Ai-je suffisamment démontré qu'il est faux que *deux droites non parallèles se rencontrent nécessairement, quelque loin qu'on les prolonge ?*

Non, pas pour tout le monde, car on aime mieux soutenir les plus grossières absurdités que d'avouer son erreur. C'est Euler qui le dit (1), et il ajoute : « C'est là le caractère de la plupart des savants. »

Il en est donc qui voudront défendre et maintenir la définition et le postulatum d'Euclide. Je leur demanderai pourquoi un théorème aussi simple et aussi élémentaire que le postulatum, résiste à tous leurs efforts ; tandis que les questions beaucoup plus difficiles et plus compliquées, proposées, par exemple, dans les annales mathématiques, reçoivent immédiatement leur solution, et plutôt deux qu'une ?

Je prévois deux réponses.

On dira : Pour ces questions plus difficiles, on a à sa disposition, un plus grand nombre de principes et de théorèmes démontrés ; tandis qu'à l'entrée de la théorie des parallèles, on n'a encore aucun principe, aucun théorème sur lequel on puisse appuyer sa démonstration. Accordez-nous seulement, ajoutera-t-on, que la somme des trois angles d'un triangle égale deux droits, ou que toute perpendiculaire à une droite est perpendiculaire à sa parallèle, etc., et nous vous démontrons facilement le postulatum.

Cette réponse est tout à fait conforme aux idées actuelles des géomètres (2). Or je ne vous accorde pas seulement un de ces théorèmes, mais je vous les accorde tous à la fois. Je vais plus loin : je vous accorde que *par un point on ne peut mener qu'une seule droite parallèle à une droite donnée.* Si « *c'est en cela que consiste réellement le célèbre postulatum* » comme le dit M. Duhamel (3), je ne saurais vous accorder davantage, puisque

---

(1) Dans une de ses lettres à une princesse d'Allemagne.

(2) « La théorie des parallèles, dit M. Hoüel (page 72 de son *Essai critique sur les principes fondamentaux de la Géométrie*) ne fait qu'un avec la proposition 32 d'Euclide sur la somme des angles d'un triangle rectiligne. »

(3) *Des méthodes dans les sciences de raisonnement* (2ᵐᵉ partie, page 32).

c'est la question proposée. Mais alors démontrez que « *c'est exactement en cela que consiste réellement le célèbre postulatum.* » Enfin, j'accorde à titre d'axiomes ou comme démontrées toutes les vérités de la Géométrie, et je défie de démontrer le postulatum.

On peut faire aussi cette autre réponse, on peut dire : le postulatum ne se démontre pas, parce qu'un axiome ne peut se démontrer.

Si les axiomes ne se démontrent pas, ils se vérifient aisément, au moyen du compas, du calcul, etc. Or, puisque dans tous les cas possibles, vous prétendez que la perpendiculaire et l'oblique se rencontrent nécessairement, supposons la perpendiculaire BC (fig. 14) et l'oblique AD, inclinées l'une sur l'autre de 20 degrés. Pendant que vous les prolongerez tant que vous voudrez, comme vous en avez le droit, j'userai aussi de mon droit en tenant la distance AB égale à votre perpendiculaire BC. Puisque vous êtes sûr que vos deux droites se rencontreront, déterminez par le calcul ou autrement la distance du point de rencontre.

Nous sommes donc en droit d'affirmer que la définition et le postulatum d'Euclide constituent deux propositions fausses, et nous allons voir les conséquenses qu'il en faut tirer.

1° Le postulatum d'Euclide étant une proposition fausse, toutes les démonstrations qu'on a pu ou qu'on pourra en donner, sont nécessairement absurdes, de même que toutes les raisons qu'on a pu ou qu'on pourra donner pour le faire admettre à titre d'axiome.

2° La définition et le postulatnm d'Euclide doivent être bannis rigoureusement et pour toujours de la Géométrie, de la même manière qu'on a banni de la Physique le fameux principe de l'horreur de la nature pour le vide.

3° Il faut refaire, sans aucune exception, toutes les démonstrations qui prennent directement leur point d'appui sur la définition ou le postulatum d'Euclide.

Par exemple, pour démontrer que deux droites sont parallèles entre elles quand elles sont perpendiculaires ou parallèles à une troisième, ou bien encore quand elles sont les intersections de deux plans parallèles par une troisième, on dit : *Car si elles se rencontraient*, etc. On admet ainsi que toutes les fois que deux droites ne sont pas parallèles, elles se rencontrent nécessairement, ce qui est faux.

4° Le défaut de la définition des parallèles est reproduit dans celles des plans parallèles, et de la droite parallèle au plan. Il est faux que deux plans non paralèlles, ou qu'une droite et un plan non parallèles se rencontrent nécessairement. Ces deux définitions doivent donc être bannies pour toujours de la Géométrie, pour la même raison que celle des droites parallèles.

Par suite, toutes les démonstrations qui s'appuient directement sur ces définitions doivent être changées.

Par exemple, pour démontrer que deux plans sont parallèles entre eux quand ils sont parallèles à un troisième, ou perpendiculaires à une même droite, on dit : *Car s'ils se rencontraient*, etc. On admet ainsi que toutes les fois que deux plans ne sont pas parallèles, ils se rencontrent nécessairement, ce qui est faux.

5° La théorie des droites et des plans parallèles, reposant tout entière sur la définition et le postulatum d'Euclide, reste absolument sans aucun fondement. Elle a donc besoin d'être refaite.

Quand je dis que la théorie doit être refaite, je n'entends pas dire que plusieurs démonstrations ne puissent rester intactes. Nous avons fait voir, au contraire, que de deux propositions fausses on peut déduire d'autres propositions parfaitement exactes. Par conséquent, les démonstrations qui ne s'appuieront que sur ces propositions exactes pourront rester intactes, bien que celles-ci doivent être démontrées autrement.

Comme la statue du songe de Nabuchodonosor, la théorie des parallèles a une partie qui peut être d'or et d'argent, mais ses pieds, c'est-à-dire, la définition et le postulatum, sont d'argile. Pour la consolider, il faut changer non-seulement l'argile, mais encore la partie de fer qui s'appuie sur l'argile, c'est-à-dire les démonstrations qui s'appuient directement sur la définition et le postulatum.

6° Selon une opinion qui a été émise, on replacerait la théo-

rie des parallèles sur ses fondements en élevant le postulatum ou quelque proposition équivalente, à la dignité d'axiome.
Or, une proposition réellement équivalente au postulatum est
fausse comme lui, et doit être rigoureusement bannie de la
géométrie.

Par exemple, dans la *théorie des parallèles*, publiée en 1859,
par le colonel du génie César Lambert, directeur des études
de l'école de Saint-Cyr, on ne rencontre ni la définition ni le
postulatum d'Euclide. Jusque-là tout porte à croire l'auteur
en bon chemin ; mais voici qu'à la page 10 on lit cet énoncé :
« Deux droites dont l'une a deux points inégalement distants
de l'autre, se rencontrent nécessairement. »

Cette proposition étant l'équivalente du postulatum, on voit
que l'auteur n'a évité Carybde que pour tomber en Scylla, et
que sa démonstration est nécessairement mauvaise.

Dans l'*Essai critique des principes fondamentaux de la géométrie élémentaire*, par M. Hoüel, professeur de mathématiques
pures à la faculté de Bordeaux, l'auteur dit (page 47) :

« La parallèle étant menée, si on la fait tourner tant soit
« peu autour de l'un de ses points, elle finira par atteindre la
« première ligne, lorsqu'on les prolongera suffisament l'une
« et l'autre. »

C'est encore une proposition équivalente au postulatum.
Comme l'auteur ne peut pas la démontrer, il en veut faire un
axiome. Mais, je le répète, la démonstration n'est impossible
que parce que la proposition est fausse. C'est donc un axiome
qui n'est pas vrai.

Ce que je dis des propositions réellement équivalentes au
postulatum, ne s'applique pas, évidemment, à celles qui
passent à tort pour lui être équivalentes. Ainsi la proposition :
Par un point on ne peut mener qu'une parallèle à une droite, est
généralement regardée comme l'équivalente du postulatum.
Il y a cependant entre elles la différence du jour à la nuit,
puisque la première est vraie et se démontre (voir nº 39) ; tandis
que le postulatum sera toujours faux, même si l'on parvient
à l'inscrire au nombre des axiomes.

7º Les géomètres sont généralement persuadés qu'en accordant comme démontrée une autre proposition qui dépend de la théorie des parallèles, par exemple, le théorème sur la somme des angles d'un triangle, ou sur les angles que fait une sécante avec deux parallèles, le postulatum se démontrerait très-aisément. Je fais voir ici combien est grave leur erreur, puisqu'en accordant comme évidentes ou démontrées toutes les vérités de la géométrie, je défie de démontrer le postulatum. J'en ai donné cette raison très-simple : qu'il est impossible de démontrer la vérité de ce qui n'est pas vrai.

C'est cette opinion erronnée qui a tant fait travailler Legendre pour établir son interminable démonstration de la proposition 19 sur la somme des angles d'un triangle, afin de pouvoir présenter dans la proposition 23, la démonstration du postulatum. Il a ainsi trouvé le moyen de nous donner deux mauvaises démonstrations au lieu d'une.

Toutes les conséquences précédentes sont rigoureuses et forcées. Elles prévaudront infailliblement sur les préjugés et les programmes officiels, comme sur les intérêts quelconques des fabricants ou débitants de traités de géométrie. Il ne faut que du temps, dit Condillac, et les erreurs passeront avec qui les défendent.

Ainsi se trouvent jugés, sans appel possible, la définition et le postulatum d'Euclide. Ces deux principes vont être relégués avec celui de l'horreur de la nature pour le vide, dont ils méritent de partager l'oubli et le mépris.

La difficulté, jusqu'ici insurmontable, que présentait le postulatum, est donc complètement résolue, puisque la seule vraie solution consistait à découvrir la cause de la difficulté, et à faire voir qu'il est aussi absurde de vouloir faire un axiome du postulatum que d'en chercher la démonstration. Maintenant que la solution est toute trouvée, il faut attendre qu'il vienne un savant doué d'une position officielle assez puissante pour « la découvrir une seconde fois, » selon l'expression de Poinsot (1), et de la présenter d'une autre manière qui soit « la bonne et la véritable. »

---

(1) Dans sa *Théorie nouvelle de la rotation des corps.*

Qu'un Christophe Colomb découvre une nouvelle terre, on est sûr qu'il ne manquera pas d'industriels pour exploiter le pays et au besoin y donner leurs noms.

Dans un siècle d'ici c'est à peine si l'histoire de Don Quichotte combattant contre des moulins à vent, fournira à nos descendants une faible image de cette interminable campagne, dans laquelle sont entrés à la suite d'Euclide, une phalange innombrable de géomètres, s'élançant à la conquête de la plus vaine des chimères.

Outre la démonstration du postulatum que Legendre donne dans son premier livre (proposition 23), il en présente d'autres dans la note 2 de sa *Géométrie,* en « prenant pour guide » (dit-il page 218), « un principe de démonstration infaillible. » Un tel principe de démonstration n'est pas de trop quand on entreprend, comme lui, de démontrer des choses absurdes.

La première proposition absurde qu'il démontre, c'est qu'une droite BC (fig. 17) perpendiculaire à la bissectrice de l'angle A, prolongée dans un sens et dans l'autre, rencontre nécessairement les deux côtés de l'angle.

Ce n'est qu'un nouveau travestissement du postulatum. On le voit, le postulatum résiste à tout; dur comme le diamant, il ne peut être entamé que par lui-même.

Faites grandir indéfiniment la figure 24 de manière qu'elle conserve toujours les mêmes proportions, il est clair que les distances des extrémités B et C aux côtés de l'angle A, grandiront dans le même rapport ; de manière que plus la ligne BC grandira, plus ses extrémités s'éloigneront des côtés de l'angle. Il est donc très-faux que, dans cette hypothèse, la ligne BC, grandissant indéfiniment, puisse jamais rencontrer les côtés de l'angle.

Pour le besoin de sa démonstration, Legendre pose le principe suivant : « *Il répugne,*» dit-il, « *à la nature de la ligne droite, qu'une telle ligne indéfiniment prolongée puisse être renfermée dans un angle.* »

Le vide aussi répugne à la nature. Qui sait toutes les démonstrations du postulatum qui ont pu être données au moyen de ce principe, quand, jouissant de tout son crédit, il constituait un principe de démonstration aussi infaillible que celui de Legendre ?

Voici encore un principe plus général, que Legendre amène pour renforcer le précédent : « *Toute ligne droite placée sur un* « *plan et indéfiniment prolongée, divise ce plan en deux parties* « *qui étant superposées, coïncident dans toute leur étendue et sont* « *parfaitement égales.* »

Jusqu'à présent, j'ai vu que pour établir par superposition, l'égalité de deux figures planes, on fait coïncider leurs périmètres. Comment le faire dans le cas actuel? puisqu'on suppose qu'il n'y a pas de périmètres. Legendre fait coïncider les points des deux surfaces, comme pour démontrer qu'elles sont composées de points égaux chacun à chacun. Ici encore le principe de démonstration peut être infaillible, mais j'aime mieux avouer que je ne le comprends pas. Admettant que sa droite divise, comme il dit, le plan en deux parties parfaitement égales, égales même point pour point, il en résulte que toute parallèle à cette droite retranche de l'une des moitiés du plan, pour la reporter sur l'autre moitié, toute la surface comprise entre les deux parallèles, et qu'ainsi les deux parties du plan ne restent plus égales ; d'où il suit que si la première droite divise le plan en deux parties parfaitement égales, toute parallèle à cette droite, divisera le même plan en deux parties parfaitement inégales. En sorte que, pour une droite qui divise le plan en deux parties parfaitement égales, j'en présente une infinité d'autres qui le divisent en deux parfaitement inégales.

Si telles sont les démonstrations du géomètre par excellence, jugez des autres.

Legendre croyant qu'on pouvait déduire le postulatum du théorème sur la somme des angles d'un triangle, démontre aussi ce théorème par l'analyse. Je n'ai point à examiner si le nouveau principe de démonstration est encore infaillible. Du reste, Auguste Comte l'a toisé en ces deux lignes de sa *Synthèse subjective* (page 284) : « Grossièrement fondé sur l'ho- « mogénéité méconnue, ce prétendu raisonnement pourrait « autant prouver l'existence d'une relation constante entre les « trois côtés qu'entre les trois angles. »

La démonstration de Bertrand de Genève, qui jouissait naguère d'une grande vogue, est fondée sur l'égalité des bandes ou espaces compris entre des perpendiculaires menées par des points équidistants pris sur une même droite. En considérant deux bandes consécutives, et faisant tourner l'une autour de la droite AB (fig. 18) qui les sépare, elle vient s'appliquer exactement sur l'autre; du moins cela semble évident. Cependant, voici ce qu'en dit M. Duhamel : « Si l'on mène « dans un plan des parallèles équidistantes, il est absurde de « dire que les espaces infinis renfermés entre les parallèles « consécutives sont égaux. »

J'approuve ce jugement que portait M. Duhamel, il y a plus de vingt ans, dans son *Cours d'Analyse* (page 15). Mais je demande comment des démonstrations qui étaient données ou reproduites un peu auparavant par des géomètres sérieux, sont devenues absurdes en si peu de temps. Qu'a-t-on découvert pour motiver ce changement ? Rien, mais on comprend que dans les efforts inouïs qu'on a faits pour démontrer une proposition fausse, on ait avancé les choses les plus contradictoires.

Un pas encore, un pas de plus seulement, et l'on reconnaîtra : 1º que toutes les démonstrations du postulatum ne sont absurdes, que parce que le postulatum est lui-même absurde ; 2º que le postulatum n'est absurde, que parce que la définition des parallèles est elle-même absurde ; en sorte que c'est de la définition que vient tout le mal.

Elle renferme une erreur qui en appelle une autre, *abyssus abyssum invocat*. Cette erreur nécessaire pour compenser celle de la définition se trouve dans le postulatum.

Quand il s'agit d'une vérité scientifique capable de froisser l'opinion générale, nous n'osons nous avancer que derrière l'autorité d'un grand nom, ou au milieu d'une grande foule. L'histoire décourageante de tous les inventeurs, nous fait regarder comme une victime le premier qui ose attaquer une opinion scientifique généralement reçue. On sait qu'il rencontrera quelqu'un qui croira de son devoir de lui faire expier le double tort d'avoir tout seul et trop tôt raison.

Ainsi, lorsque je publiai ma *Théorie des convergents des fonctions algébriques et transcendantes*, la rédaction des *nouvelles Annales mathématiques*, me voyant seul, et à ses yeux sans mandat, critiquer et combattre une méthode généralement reçue, et proposée surtout par M. Bertrand (de l'Institut) dans son *Algèbre*, pour la détermination de la vraie valeur de certaines fonctions qui se présentent sous une forme indéterminée, et croyant de son devoir d'accueillir d'un coup d'éteignoir toute lumière dont la compagnie ne fournit pas le gaz, publia à cet effet un compte rendu (1), où elle pensa qu'il lui suffisait de dire n'importe quoi pour faire croire à une erreur dans mes *principes fondamentaux*. Or, dans les deux ouvrages (2) que j'ai publiés depuis, non-seulement j'ai reproduit et maintenu les mêmes principes fondamentaux, mais encore j'ai relevé les grossières bévues du compte rendu, et cependant, ladite rédaction, plus intéressée que jamais à parler, n'a plus dit mot. Pourquoi cette différence? C'est que M. Bour, dont le rare génie était apprécié de tous les savants, avait déclaré parfaitement exacts ces mêmes principes fondamentaux qui faisaient le scandale de la rédaction des *Annales*. Car, M. Bour m'écrivit : « Vos observations sont parfaitement exactes ; certaines « démonstrations auraient donc besoin d'être modifiées, et une « note de votre part serait intéressante. »

D'un autre côté, M. Bertrand, montrant plus de pénétration d'esprit que l'auteur du compte rendu, vit clairement de quel côté était l'erreur ; car, peu de temps après ma publication, on put lire dans la préface de la nouvelle édition de l'*Algèbre* de M. Bertrand, le passage suivant : « Le chapitre *sur les expressions qui se présentent sous une forme indéterminée, a été rayé.* »

On voit par là comment M. Gérono se trouva pris entre l'arbre et l'écorce : d'un côté M. Bour déclare que mes

---

(1) *Nouvelles Annales de Mathématiques,* 1865, page 87.

(2) *Nouvelle théorie des fonctions qui se présentent sous une forme indéterminée et Notes sur l'Emploi des Séries divergentes en analyse.*

observations sont parfaitement exactes, et que les démonstrations que je critique ont besoin d'être rectifiées ; d'un autre côté M. Bertrand ne trouve rien de mieux à faire que de rayer tout entière la théorie dont j'ai montré le vice radical.

M. Gérono, on le comprend, a refusé d'insérer dans les *Annales* ma réponse à son compte rendu. Comment, en effet, aurait-il pu insérer une réponse où je montrais clairement que son compte rendu n'était qu'un tissu d'absurdités ?

Par exemple, dans la note de page 90, M. Gérono choisit une expression qui égale identiquement $x - x + 1 - \dfrac{1}{x+1}$ (prière de s'en assurer), et comme le dernier terme est infiniment petit pour x infini, la limite de l'expression proposée est donc $x - x + 1$, ou l'unité.

Rien de plus simple et de plus rigoureux. Cependant c'est là que M. Gérono voit l'erreur de mes principes fondamentaux.

Selon lui, je la commets en disant que $x - x + 1$ égale l'unité, ou que $x - x = 0$. Comment M. Gérono peut-il démontrer que $x - x$ n'égale pas zéro, que ces deux termes ne ne se détruisent pas? Pour faire comprendre son raisonnement, je fais cette supposition.

Vous dites à votre valet d'aller changer une pièce de 5 francs. Il entre dans une buvette, y consomme pour 1 franc, et vous rapporte 4 francs, en disant que cela fait bien votre compte, puisque 4 francs n'égalent pas toujours 4 francs, et la preuve c'est que dans le cas présent on doit avoir $4 = 5$; autrement, en retranchant 4 des deux termes, on aurait $0 = 1$, ce qui est absurde.

Voilà absolument le raisonnement de M. Gérono; suivez-le sur le texte. Il commence en disant : « L'hypothèse $x = \infty$ réduit l'expression proposée à $x - x$. »

Il ne lui reste qu'un moyen de se tirer de ce faux pas : c'est de dire que $x - x$ n'égale pas 0, que ces deux termes ne se détruisent pas. Ce procédé inouï, M. Gérono l'emploie hardiment en disant (page 89) : « Les deux termes dont il s'agit ici « ne se détruisent pas, généralement du moins. » Pour retrouver son unité perdue, il faut qu'il fasse $x - x = 1$; et il justifie cette étrange égalité en terminant sa note de la page 90 par cette ligne remarquable : « par conséquent la réduction des « deux termes $x, - x$, conduit à l'égalité $1 = 0$.

Dire que c'est un géomètre qui a professé durant la moitié du XIXme siècle, dans les premières institutions de Paris, les cours de mathématiques supérieures, qui fait et imprime de ces tours-là dans les *Nouvelles Annales mathématiques* !

Ce n'est pas sans intention que j'ai amené cette petite digression : la brochure que je publie, vaut bien un coup d'éteignoir. Le lecteur qui le verrait paraître sous forme de compte rendu, sait maintenant comment les choses se passent, et surtout pourquoi on refuse d'insérer la réponse de l'auteur.

Dans ce discours j'ai amplement démontré le vice radical de la théorie ordinaire des parallèles, et dans le texte de l'ouvrage on trouve le remède tout préparé. Il me reste à justifier la nouvelle théorie que je présente, et particulièrement à motiver le choix de la nouvelle définition.

On comprend tout de suite la difficulté de la tâche que j'entreprends. « Les hommes, dit Condillac, sont trop peu capables de raisonner contre ce qu'ils croient. » D'ailleurs, il est naturel de tenir à d'anciens et fidèles serviteurs. Or, voilà plus de deux mille ans que la définition et le postulatum d'Euclide font le service. Jamais on n'a rien reproché à la définition. On s'est montré souvent peu satisfait du postulatum ; mais chaque fois qu'on a voulu le remplacer, on s'est vu plus mal servi ; si bien qu'aujourd'hui l'on se montre tout disposé à l'élever à la dignité d'axiome. On ne manquera donc pas de me dire : Voilà plus de deux mille ans que la définition et le postulatum nous servent, de quel droit prétendez-vous les bannir de la Géométrie ?

Voilà plus de deux mille ans qu'ils servent, c'est vrai, mais à quoi servent-ils ? A tenir les géomètres dans une fausse route, à les tenir attachés à une fausse théorie des parallèles.

C'est toujours de cette manière que servent les faux principes : ils servent à entretenir l'erreur, et à empêcher la vérité de se faire jour.

La théorie des parallèles devant être refaite, il faut d'abord faire choix de la définition. Je ne le ferai pas sans consulter nos grands maîtres. « A quel enfant, dit M. Duhamel, ne s'est pas présentée l'idée de lignes droites partout également distantes ? »

L'idée de deux droites partout également distantes est, en effet, très-simple, et nous en avons continuellement des exemples sous les yeux. Mais, si l'idée est simple, sa traduction géométrique ne l'est pas. En effet, la géométrie ne dit pas ce qu'il faut entendre par la distance de deux droites situées d'une manière quelconque dans le même plan. Si l'on dit avec Condillac, que c'est la distance des points correspondants, je demanderai ce qu'il faut entendre par points correspondants.

Au contraire, en disant qu'*une droite est parallèle à une autre quand tous les points de la première sont à égale distance de de la seconde*, non-seulement cette définition a un sens géométrique très-précis, mais comme on en tire facilement toute la théorie des parallèles, elle fait voir que la définition fondée sur l'uniformité de la distance des deux droites renfermerait deux conditions de trop, si pour déterminer cette uniformité on entend : 1° que tous les points de la première sont à égale distance de la seconde ; 2° que tous les points de la seconde, sont à égale distance de la première ; 3° que les perpendiculaires abaissées de la première sur la seconde, sont égales aux perpendiculaires abaissées de la seconde sur la première. Les deux dernières conditions sont superflues, puisqu'elles se déduisent de la première.

La définition d'une droite parallèle à une autre étant posée, on en déduit d'abord le parallélisme de la seconde envers la première, et ensuite toute la théorie des parallèles.

Comme toutes les démonstrations se font simplement et facilement, la nouvelle théorie ne peut présenter qu'une objection plausible, et je dois la prévenir.

On peut dire : La nouvelle définition suppose qu'une droite peut avoir tous ses points à égale distance d'une autre. Or, axiome pour axiome, postulatum pour postulatum, nous préférons nous en tenir à celui d'Euclide.

Pardon ! Il faut compter et peser plus juste. Notre définition suppose une vérité qui n'est pas démontrée ni rangée par Euclide au nombre des axiomes, c'est vrai. Mais d'abord sur cette définition Euclide est au banc des accusés, et ne peut faire partie du jury. Euclide a fait, dans sa définition des parallèles, une malheureuse rencontre, qui l'a égaré pour toujours, et son postulatum n'a servi qu'à le fixer dans son erreur. Si Euclide avait pu éviter sa malencontreuse définition, et qu'il eût donné la théorie des parallèles que nous présentons ici, ou toute autre théorie exacte, personne n'aurait fait une seule objection. Par exemple, la définition ordinaire du plan suppose une vérité non démontrée et moins évidente que celle que suppose notre définition des parallèles. En effet, il n'est pas démontré qu'une surface peut contenir toutes les droites qui y ont deux points, et l'idée d'une surface qui jouit de cette propriété est moins simple que l'idée d'une droite qui a tous ses points à égale distance d'une autre.

Personne n'ayant contesté la définition du plan, on aurait encore moins contesté celle d'une droite parallèle à une autre.

En outre, si Euclide avait posé cet axiome :

Lorsque deux droites situées dans le même plan se rapprochent dans un sens, elles s'éloignent dans le sens opposé, il est certain que personne ne l'aurait contesté, et comme on en déduit facilement qu'une droite peut avoir tous ses points à égale distance d'une autre, notre théorie des parallèles se trouverait ainsi à l'abri de tout reproche.

Si Euclide n'a pas posé cet axiome, ou tout autre qui pût servir de base à la théorie des parallèles, c'est qu'il n'en avait pas besoin pour suivre la fausse route dans laquelle sa mauvaise définition l'a placé. Il n'avait que faire d'un axiome vrai et évident : il lui fallait un principe erroné capable de détruire l'erreur de sa définition, et il l'a trouvé dans son postulatum.

Ce n'est donc pas axiome pour axiome, qu'il faut dire ; c'est un axiome vrai pour deux axiomes faux, dont l'un est supposé par la définition d'Euclide, et l'autre compris dans son postulatum. C'est un axiome vrai, qui peut se vérifier aisément, qui se trouve réalisé dans mille exemples que chacun de nous a constamment devant les yeux, pour deux axiomes faux qui ne peuvent ni se vérifier ni se réaliser. Qui peut dire : J'ai prolongé deux droites à l'infini dans les deux sens, et les ayant suivies d'un bout à l'autre je me suis assuré qu'elles ne se rencontrent pas ? C'est un axiome vrai qui peut se déduire facilement d'une autre vérité simple prise comme axiome, pour deux axiomes faux qui ne pourraient pas se démontrer, même en accordant à titre d'axiomes toutes les vérités de la géométrie.

Quand je dis que la définition et le postulatum d'Euclide doivent être bannis pour toujours de la Géométrie, ce n'est donc pas le cas de craindre de changer un cheval borgne contre un aveugle. C'est un cheval mort, c'est un cadavre, qu'il faut avant tout conduire à la voirie, sans examiner s'il a de bons yeux ou de bonnes dents.

Notre théorie affranchie de la définition et du postulatum d'Euclide, se trouve, par suite, affranchie aussi de toute considération de droites prolongées indéfiniment ou à l'infini. Qu'est-ce qu'une droite prolongée indéfiniment ou à l'infini ? Les géomètres se gardent bien de le dire.

Cependant, d'après la règle de Pascal il faudrait « *n'employer* « *aucun terme dont on n'eût auparavant expliqué nettement le* « *sens.* »

Une droite prolongée à l'infini, a-t-elle encore des extrémités, ou n'en a-t-elle plus ? Si elle n'en a plus, que sont-elles devenues ? En prolongeant une droite, on éloigne ses extrémités, mais peut-on jamais les enlever ?

Une droite ne saurait exister sans ses extrémités, pas plus qu'un triangle sans ses angles et ses côtés. Supposer une droite sans extrémités, un plan sans limites, c'est supposer l'absurde et l'impossible. Voilà pourquoi les démonstrations faites dans cette hypothèse, comme celles de Legendre et de Bertrand de Genève, sont elles-mêmes absurdes. Ces démonstrations ne prouvent rien, précisément parce qu'elles prouvent tout ce qu'on veut.

De ce qu'on peut toujours former un nouveau nombre en ajoutant l'unité au précédent, Pascal tire cette conclusion : « *Il est faux que les nombres soient finis : donc il est vrai qu'il y a un infini en nombre.* » J'aimerais mieux tirer la conclusion contraire, en disant : Puisqu'en ajoutant l'unité au nombre précédent, on obtient toujours un nombre fini, il n'y a donc que des nombres finis : donc il n'y a pas d'infini en nombre.

Les géomètres vont me dire : Nous reconnaissons l'absurdité de ces démonstrations par l'infini, et la preuve c'est qu'au lieu de dire, comme Euclide, que les droites sont prolongées à l'infini ; nous disons : *quelque loin que..... si loin que..... à quelque distance que..... on les prolonge.....* Par ces expressions vagues, vous évitez le mot infini ; mais n'est-il pas évident que l'idée et le défaut restent ? Si vous rejetez, comme vicieuses, toutes ces démonstrations par l'infini, rejetez donc résolument la définition et le postulatum, qui engendrent toutes ces démonstrations et qui ont le même vice de constitution. Ne semez pas le vent, si vous ne voulez pas récolter la tempête.

Déclarez donc nettement que par une droite *prolongée à l'infini,* ou *si loin qu'on la prolonge,* vous entendez une droite très-grande, mais nécessairement finie, comprise entre ses deux extrémités, qui ne peuvent en être séparées.

Soit BD (fig. 15) une perpendiculaire à AB. Si loin que vous la supposiez prolongée, je pourrai toujours prendre AB égale à BD, et ainsi BD ne pourra être rencontrée par aucune des obliques menées par le point A dans l'angle DAE.

Vous voyez ainsi que, dans notre hypothèse, une perpendiculaire et une oblique qui font un angle de 40° ne se rencontrent jamais. Je comprends que la rencontre vous paraissant devoir se produire un peu plus loin, vous soyez toujours tenté de prolonger vos deux droites. Mais si AB augmente autant que BD, il est évident que la rencontre n'aura jamais lieu. Comme dans le supplice de Tantale, le fruit convoité fuira toujours la main qui s'approchera pour le saisir.

Quand on récuse le postulatum d'Euclide, sa définition se trouve frappée de la plus complète stérilité, et sa théorie des parallèles se trouve réduite à néant.

Si Euclide avait compris le défaut de sa définition, il n'est pas douteux qu'il n'eût énoncé un principe ou axiome évident, pour établir sur une base solide la théorie exacte des parallèles.

Quelques géomètres ont voulu reconstruire la théorie des parallèles sans rien ajouter aux principes d'Euclide ; c'est ainsi que Lobatschewsky a publié une théorie à laquelle il a donné le nom de géométrie imaginaire. M. Hoüel, professeur de mathématiques pures à la faculté de Bordeaux, qui nous en a donné la traduction, en exagère l'importance en disant qu'elle peut nous conduire à des découvertes inattendues. Que peut-on attendre d'un édifice bâti sans fondement ? L'auteur part de cette définition des parallèles :

« Toutes les droites tracées par un point dans un plan peu-
« vent se distribuer, par rapport à une droite donnée dans ce
« plan, en deux classes, savoir : en droites *qui coupent* la
« droite donnée, et en droites *qui ne la coupent pas*. La droite
« qui forme la limite commune de ces deux classes est dite
« parallèle à la droite donnée. »

Cette définition est défectueuse comme celle d'Euclide, comme les démonstrations de Legendre et de Bertrand de Genève. Si M. Hoüel tenait à savoir en quoi elle est défectueuse, il devrait d'abord dire nettement :

1° Ce qu'il faut entendre par la limite d'une classe : dans les traités on définit la limite d'une variable, mais non celle d'une classe.

2° Si cette droite limite est une de celles qui rencontrent la droite donnée, ou une de celles qui ne la rencontrent pas

Dans la préface dont il fait précéder sa traduction , M. Hoüel dit que l'ouvrage de Lobatschewsky fera « faire un progrès immense aux méthodes d'enseignement, en reléguant parmi les chimères l'espoir que nourrissent encore certains géomètres de parvenir à démontrer l'axiome d'Euclide autrement que par l'expérience. »

M. Hoüel tient beaucoup à ce que le postulatum d'Euclide soit un axiome ; or, il est plus chimérique et plus absurde d'en vouloir faire un axiome, que de nourrir l'espoir de le démontrer. Puisqu'on ne peut le démontrer autrement que par l'expérience, pourquoi ne pas donner cette démonstration par l'expérience ? A défaut de grives, on est heureux de trouver des merles. Pour ma part, je serais curieux de voir comment on démontrerait par l'expérience la vérité d'une proposition qui n'est pas vraie.

« Le but de l'auteur, » dit M. Hoüel dans la même préface, « est de prouver qu'il n'existe *à priori* aucune raison d'affirmer que la somme des trois angles d'un triangle rectiligne ne soit pas inférieure à deux angles droits; « et il ajoute : « Cette question a été pendant plus de cinquante ans l'objet des méditations de Gauss. Malheureusement, il n'a jamais publié ses recherches et se contenta de donner son adhésion complète à la *Géométrie imaginaire* de Lobatschewsky. »

« Il n'existe *à priori* aucune raison. » Qu'est-ce que cela pourrait bien signifier? Je pense que cela veut dire qu'avant la première raison il n'en existe aucune autre. De cette manière il n'existe non plus *à priori* aucune raison d'affirmer que la terre ne *soit* pas *carrée*, ou que le soleil ne *soit* pas une lanterne.

Si l'illustre Gauss a donné son adhésion complète à la Géométrie de Lobatschewsky, il a bien fait de ne pas publier ses propres *recherches*; car, c'est une preuve qu'il n'avait pas trouvé beaucoup mieux.

Comme je l'ai amplement montré dans ce discours, le vice de la théorie ordinaire des parallèles est beaucoup plus grand qu'on ne se le figurait; et désormais il ne sera plus permis de dire avec M. Duhamel (1) : « Jusqu'ici on n'a rien trouvé de « mieux que la théorie du géomètre grec. »

Je soutiens, au contraire, qu'il était impossible de rien trouver de pire ; car, si le défaut d'une autre théorie pouvait être aussi grave, il ne pouvait être aussi profondément caché. L'incurabilité du mal souvent dépend moins de sa gravité que de l'impossibilité de pénétrer jusque dans la profondeur de l'organe où il a son siége : or, non-seulement le défaut de la théorie d'Euclide va se perdre dans les profondeurs de l'infini ; mais une sorte de mirage vous le montre d'un autre côté, ce qui fait que les géomètres qui se sont efforcés de l'atteindre pour le corriger, ont tourné le dos à la vraie solution, en s'évertuant à mettre en évidence la vérité du postulatum, au

---

(1) *Des Méthodes dans les Sciences de Raisonnement*, 2e partie, page 326.

lieu de constater la gangrène profonde dont cette proposition et la définition d'Euclide sont affectées.

Si l'on s'est quelquefois un peu approché du but, c'est, comme à Colin-Maillard, par hasard, et pour s'en éloigner un instant après.

Ainsi, M. Duhamel fait un premier pas vers la bonne solution, quand il affirme qu'il est absurde de dire que deux bandes de même largeur et comprises entre des parallèles indéfinies, sont égales. En effet, dire que les bandes sont comprises entre des parallèles indéfinies, c'est dire que leur longueur reste inconnue. Il est donc absurde d'en chercher le rapport, comme il est absurde de demander le rapport de deux rectangles dont on ne connaît que la largeur.

Pendant que M. Duhamel était en bon chemin, il devait faire le second pas, en déclarant qu'il est absurde de comparer un angle à la bande comprise entre deux parallèles indéfinies, comme le fait, d'après Bertrand de Genève, Vincent (de l'Institut) dans le passage suivant de la préface de sa Géométrie :

« Ces divers changements sont les seuls vraiment impor-
« tants que j'aie fait subir au premier Livre, en y joignant
« toutefois quelques modifications apportées à la théorie des
« parallèles, pour en rendre l'exposition plus nette, mais tou-
« jours en prenant pour base ce principe si simple et si ri-
« goureux de Bertrand de Genève, que *l'angle est plus grand*
« *que la bande*, principe accessible aux yeux non moins qu'à
« l'intelligence, et identique au fond avec cet autre que per-
« sonne ne conteste : *La longueur d'une circonférence de cercle*
« *est moindre qu'une ligne droite indéfinie.* »

Pardon ! je conteste et je proteste. Votre principe si simple et si rigoureux, est tout simplement et rigoureusement absurde. Il est *rigoureux* comme celui de Legendre est *infaillible*, *ejusdem farinæ*. Vous apercevant que votre principe a les reins faibles, vous le renforcez par un terme vigoureux en disant : il est *évident, rigoureux* ou *infaillible*.

Enfin pour atteindre le but, il fallait dire : il est absurde d'affirmer la rencontre d'une perpendiculaire et d'une oblique à une même droite, quand on ne connaît pas à la fois : 1° la longueur des deux lignes ; 2° leur inclinaison mutuelle, et 3° la distance de leurs points de départ. Or, dans le postulatum, la première de ces trois choses est donnée d'une manière vague et insuffisante ; les deux autres manquent absolument. Il est donc aussi impossible d'affirmer la rencontre de la perpendiculaire avec l'oblique, que de déterminer l'âge du capitaine d'un vaisseau, d'après la hauteur de ses trois mâts.

M. Duhamel, après avoir si bien fait le premier pas, recule de mille, quand il dit qu'il y a identité entre le postulatum et cette autre proposition : Par un point on ne peut mener qu'une parallèle à une droite.

Selon Lacroix, « *c'est dans la difficulté de prouver immédia-* « *tement le postulatum que réside l'imperfection de la théorie des* « *parallèles.* » Mais le défaut est beaucoup plus grave, comme je l'ai surabondamment démontré. Il réside dans le vice radical des deux propositions sur lesquelles le grand géomètre a basé toute sa théorie des droites et des plans parallèles.

Le professeur judicieux comprendra l'urgence d'un prompt remède à un si grand mal, et il le trouvera tout préparé dans le texte de cet ouvrage, qui devra être joint au traité de géométrie actuellement entre les mains des élèves.

Ayant dû reconstruire tout le premier livre, j'ai pris le soin de rapprocher et de réunir dans un même chapitre les théorèmes relatifs au même objet. On a, et surtout Port-Royal, reproché à Euclide d'avoir négligé ce soin, en éloignant beaucoup les unes des autres des propositions qui, par la connexité de leur objet, demandaient à se trouver réunies.

On remarquera inévitablement aussi, le principe que j'ai donné sous le nom de *Principe du carré des propositions corres-pondantes.* Non-seulement les géomètres n'ont pas la connaissance explicite de ce principe ; mais le sentiment logique, qui doit être chez eux si développé et si délicat, n'y supplée pas toujours, et les exemples pour justifier mon assertion ne me feraient pas défaut.

LA GÉOMÉTRIE

AFFRANCHIE

DU POSTULATUM D'EUCLIDE

LIVRE PREMIER

INTRODUCTION

DÉFINITIONS

1 En géométrie les corps sont considérés abstraction faite de la matière qui les constitue, et on leur donne le nom de solides.

Dans tout solide il y a à considérer son étendue et sa forme.

L'étendue d'un solide s'appelle son volume.

Tout solide a trois dimensions : longueur, largeur et épaisseur.

La limite d'un solide s'appelle surface.

Dans toute surface il y a à considérer son étendue et sa forme.

L'étendue d'une surface s'appelle aire.

Une surface n'a que deux dimensions : elle n'a pas d'épaisseur.

Une ligne n'a qu'une dimension : elle n'a ni largeur ni épaisseur.

Un point géométrique n'a aucune des trois dimensions.

La plus simple de toutes les lignes s'appelle ligne droite. Elle peut tourner sur elle-même sans qu'aucun de ses points quitte sa place. Elle représente elle-même le plus court chemin entre deux quelconques de ses points.

Une ligne composée de plusieurs droites s'appelle ligne brisée.

Une ligne qui n'est pas droite, ni composée de lignes droites, s'appelle ligne courbe.

On donne le nom commun de figures aux solides, aux surfaces et aux lignes.

La géométrie a pour objet les propriétés et la mesure des figures.

Quand une ligne brisée est formée de deux droites, la longueur de la ligne représente la grandeur de la figure; mais la forme de cette figure dépend de l'écartement des deux droites.

L'écartement de deux droites qui partent d'un même point s'appelle angle (1). Les deux droites sont les côtés de l'angle, et leur point commun en est le sommet.

Un angle se désigne par la lettre du sommet; mais, si plusieurs angles ont le même sommet, on désigne chacun d'eux par trois lettres, en ayant soin de mettre celle du sommet au milieu.

Le plan est une surface qui a la propriété de contenir tout entière la droite qui joint deux quelconques de ses points.

Une figure plane terminée de toutes parts par des droites, s'appelle polygone. Ces droites constituent le périmètre du polygone, et chacune d'elles est un côté du polygone.

Un polygone est dit convexe quand une droite ne peut rencontrer son périmètre en plus de deux points.

On appelle diagonale une droite qui joint deux sommets non consécutifs d'un polygone.

---

(1) Plusieurs géomètres définissent l'angle en disant que c'est la figure formée par deux droites qui se rencontrent. Mais, quand on a donné le nom de figures aux lignes, aux surfaces et aux solides, la figure formée par deux droites qui se rencontrent, ne peut désigner que la ligne brisée formée par les deux droites, ou la surface que ces droites limitent de deux côtés. Or il est évident que ce n'est ni cette ligne, ni cette surface qu'on veut désigner, quand on parle d'un angle, de sa grandeur et de sa mesure. Il n'y a pas de figure qui ne puisse avoir ses semblables; mais comme l'angle est une partie intégrante de la figure formée par deux droites, et non la figure elle-même, les angles peuvent être égaux, mais jamais semblables.

On appelle axiome une vérité évidente par elle-même; théorème une vérité qui ne devient évidente qu'à l'aide d'un raisonnement appelé démonstration; corollaire une vérité qui résulte d'un ou plusieurs théorèmes précédents; problème une question à résoudre.

PRINCIPE DU CARRÉ DES PROPOSITIONS CORRESPONDANTES.

2 Soient les quatre théorèmes ou propositions :

P. *Tout point qui est sur la bissectrice d'un angle, est également distant des côtés de l'angle.*

R. *Tout point qui est également distant des côtés d'un angle, est sur la bissectrice de ect angle.*

P'. *Tout point qui n'est pas sur la bissectrice d'un angle, n'est pas également distant des côtés de l'angle.*

R'. *Tout point qui n'est pas également distant des côtés d'un angle, n'est pas sur la bissectrice de cet angle.*

Chacun de ces énoncés se compose d'une hypothèse et d'une conclusion.

La seconde proposition est dite la réciproque de la première.

La réciproque d'une proposition se forme en remplaçant l'hypothèse et la conclusion l'une par l'autre.

La troisième proposition dérive, ou se forme de la première par l'addition de la négation à chaque verbe. Je l'appellerai la dérivée de la première (1).

La quatrième proposition est à la fois la dérivée de la seconde et la réciproque de la troisième.

On voit par là qu'il y a identité entre la dérivée de la réciproque, et la réciproque de la dérivée d'une même proposition.

Cela étant posé, et les quatre propositions P, R, P', R' étant

---

(1). La logique nous apprend que deux propositions contraires ne sont jamais vraies en même temps, et l'on comprend, en effet, que si quelque chose est vrai, le contraire ne saurait l'être. C'est donc à tort que quelques auteurs récents appellent proposition contraire d'une autre, celle que je nomme sa dérivée, puisque les propositions qu'ils appellent contraires, sont souvent vraies en même temps.

placées aux quatre sommets d'un carré, comme le montre la
figure 1, voici en quoi consiste le principe du carré des propositions correspondantes.

Une quelconque des quatre propositions entraîne toujours
celle qui est sur la même diagonale du carré, et n'entraîne
jamais aucune des deux autres. En d'autres termes :

*Les deux propositions placées sur la même diagonale du carré
sont équivalentes entre elles, et ne sont équivalentes à aucune des
deux autres.*

Elles sont équivalentes en ce sens qu'elles sont vraies ou
fausses en même temps, et jamais l'une sans l'autre, en sorte
que démontrer l'une, c'est démontrer l'autre, c'est les démontrer toutes deux.

Pour énoncer le principe sans le secours du carré, on dira
que chacune des quatre propositions est équivalente à la dérivée de sa réciproque, ou à la réciproque de sa dérivée, et
n'est équivalente à aucune des deux autres (1).

3 Il arrive souvent qu'ayant énoncé une proposition, c'est
son équivalente qu'on démontre directement, et l'on en déduit
ensuite la première proposition, par une forme de raisonnement qu'on appelle réduction à l'absurde. On évitera cette
forme de raisonnement en énonçant la proposition qu'on dé-

---

(1) La connaissance explicite de ce principe est aussi utile que généralement
ignorée. Il n'en faudrait pas d'autre preuve que ce passage d'une instruction
générale de Fortoul, ancien ministre de l'instruction publique :

« On devra laisser de côté, d'une manière absolue, toute démonstration
« fondée sur ce que l'on appelait réduction à l'absurde........ Sous cette forme
« simple et directe, l'élève saisira nettement qu'il existe entre la proposition
« et sa réciproque, une dépendance intime qui fait que l'une entraîne néces-
« sairement l'autre. C'est le résultat qu'on doit chercher à atteindre dans toutes
« les parties de l'enseignement. »

Notre principe dit, en propres termes, qu'une proposition n'entraîne jamais
sa réciproque. L'auteur du passage que je viens de citer, se vante donc tout
bonnement de faire saisir à l'élève, la vérité d'une proposition qui n'est jamais
vraie ; et il ajoute fort naïvement : « C'est le résultat qu'on doit chercher à
atteindre dans toutes les parties de l'enseignement. »

montre directement, et la proposition équivalente se trouvera démontrée sans qu'on ait besoin de rien ajouter de plus (1).

CHAPITRE PREMIER

DES ANGLES QUE LES DROITES FONT ENTRE ELLES.

Définitions.

. **4** Quand deux angles placés l'un à la suite de l'autre ont le même sommet et un côté commun, ils sont dits adjacents.

Quand deux droites se coupent, les angles non adjacents sont dits opposés (2).

Une droite est dite perpendiculaire à une autre quand elle fait avec celle-ci deux angles égaux , et chacun de ces angles s'appelle angle droit.

On appelle oblique à une droite, toute autre droite qui ne lui est pas perpendiculaire.

Un angle est dit aigu quand il est plus petit qu'un angle droit, et obtus quand il est plus grand.

Lorsque la somme de deux angles égale un angle droit, chacun d'eux est le complément de l'autre, et les deux angles sont dits complémentaires.

Lorsque la somme de deux angles égale deux angles droits,

---

(1) L'auteur du passage rapporté dans la note précédente interdit, d'une manière absolue, toute démonstration fondée sur la réduction à l'absurde. Mais il comprend si peu en quoi elle consiste essentiellement, qu'il l'emploie dans l'exemple même qu'il donne pour montrer la manière de l'éviter: car, ayant énoncé cette proposition : *Toute ligne qui divise deux côtés d'un triangle en parties proportionnelles, est parallèle au troisième,* c'est son équivalente qu'il démontre d'abord, en faisant voir qu'une droite non parallèle à la base, ne peut diviser les deux autres côtés en parties proportionnelles.

Non-seulement, notre principe montre clairement en quoi consiste essentiellement le genre de démonstration que l'auteur appelle méthode indirecte et forme vicieuse; mais de plus il donne le moyen efficace de l'éviter réellement, en remplaçant l'énoncé de la proposition par celui de son équivalente.

(2) Les locutions : *angles opposés au sommet, angles opposés par le sommet,* ne disent rien de plus et sont vicieuses.

chacun d'eux est le supplément de l'autre, et les deux angles sont dits supplémentaires.

Il résulte de ces deux dernières définitions que deux angles sont égaux quand ils ont le même complément ou le même supplément.

On appelle bissectrice d'un angle la droite qui le divise en deux parties égales.

THÉORÈME 1.

5 Toute droite AB qui en rencontre une autre, fait avec celle-ci deux angles adjacents dont la somme est constante.

Fig. 2. En effet, quand la droite AB tourne autour du point A, on voit clairement que l'un des angles adjacents augmente d'autant que l'autre diminue.

Corollaire 1. Tous les angles droits sont égaux, puisque chacun d'eux est la moitié d'une somme constante.

Corollaire 2. Les deux angles adjacents formés par une droite qui en rencontre un autre, sont supplémentaires, puisque leur somme vaut deux angles droits.

Corollaire 3. Si d'un point pris sur une droite, on mène du même côté de cette droite, d'autres droites quelconques, tous les angles ainsi formés valent ensemble deux droits.

Fig. 3. *Corollaire 4.* Quand une droite AB est perpendiculaire à une autre CD, la seconde est aussi perpendiculaire à la première; car l'angle AED étant droit, son adjacent DEB l'est aussi; donc CD est perpendiculaire à AB.

Corollaire 5. Tous les angles consécutifs formés autour d'un même point, valent quatre angles droits; car leur somme vaut celle des quatre angles formés par deux perpendiculaires qui se coupent en ce point.

THÉORÈME 2.

6 Si deux angles adjacents sont supplémentaires, leurs côtés extérieurs sont en ligne droite.

Fig. 2. En effet, quand AD est le prolongement de CA, les deux angles adjacents sont supplémentaires (n° 5); donc une autre droite que ce prolongement, ferait avec AB un angle plus grand ou plus petit que le supplément de CAB. Ce qui démontre l'équivalente de la proposition énoncée, et par conséquent la proposition elle-même (n° 3).

THÉORÈME 3.

7 Toutes les fois que deux droites se coupent, les angles opposés sont égaux.

Fig. 4.   En effet, les deux angles a et a' ayant le même supplément, sont égaux (n° 4).

THÉORÈME 4.

8 Par un point E pris sur une droite CD, on peut élever une perpendiculaire à cette droite, et l'on ne peut en élever qu'une.

Fig. 3.   En effet, si l'on mène par le point E une droite quelconque, on pourra la faire tourner autour de ce point jusqu'à ce que les deux angles adjacents soient égaux ; et, dans cette position, la droite AB est perpendiculaire à CD.

En second lieu, si la droite AB quittait cette position, en tournant dans le plan autour du point E, il est visible que l'un des deux angles adjacents diminuerait et que l'autre augmenterait ; donc ils ne seraient plus égaux, et la droite AB cesserait d'être perpendiculaire à CD.

THÉORÈME 5.

9 Par un point P pris hors d'une droite AB, on peut mener une perpendiculaire à cette droite, et l'on n'en peut mener qu'une.

Fig. 5.   En effet, si nous faisons tourner la partie supérieure du plan autour de AB, pour l'appliquer sur la partie inférieure ; le point P viendra tomber en un point P' ; et, si ayant ramené la partie supérieure dans sa première position, nous joignons les deux points P, P', par la droite PP', les deux angles ACP ; ACP' seront égaux, puisqu'ils s'appliquent l'un sur l'autre, donc la droite PP' est perpendiculaire à AB.

Je dis, en second lieu, que toute autre droite PD, menée par le point P, ne saurait être perpendiculaire à AB. Car, faisant tourner la partie supérieure du plan autour de AB, l'angle PDC s'applique sur P'DC. Ces deux angles étant égaux, si le premier était droit, le second le serait aussi, et la ligne PDP' serait droite (n° 6), en sorte qu'il y aurait deux droites entre les points P, P', ce qui est impossible.

Fig. 5. **10** *Corollaire 1.* Si d'un point P, extérieur à une droite AB, on mène une perpendiculaire PC et une oblique PD à cette droite, le plus petit des deux angles adjacents que forme l'oblique avec la droite, est celui qui est opposé à la perpendiculaire.

Car, DE étant le prolongement de PD, les trois angles PDC, P'DC et P'DE valent deux droits. Les deux angles PDG, P'DG valent donc moins de deux droits, et comme ils sont égaux, chacun d'eux est plus petit qu'un droit; donc l'angle PDC est aigu.

Corollaire 2. Deux droites perpendiculaires à une troisième ne peuvent se rencontrer ; autrement, par leur point de rencontre, il y aurait deux perpendiculaires à une même droite, ce qui est impossible.

CHAPITRE II

DES TRIANGLES

Définitions.

11 Le triangle est un polygone de trois côtés.

On appelle triangle équilatéral, celui qui a ses trois côtés égaux ; triangle isocèle, celui qui n'a que deux côtés égaux, et triangle scalène, celui qui a ses côtés inégaux.

Un triangle est équilatéral lorsque ses trois côtés sont égaux.

On appelle triangle rectangle celui qui a un angle droit, et hypoténuse le côté opposé à l'angle droit.

On appelle hauteur d'un triangle la perpendiculaire abaissée d'un de ses trois sommets, sur le côté opposé pris pour base.

On appelle médiane la droite qui joint un des sommets au milieu du côté opposé.

THÉORÈME 6.

12 Deux triangles sont égaux lorsqu'ils ont un angle égal compris entre côtés égaux chacun à chacun.

Fig. 6.   Supposons que l'angle A et les côtés AB, AC soient respectivement égaux à l'angle A′ et aux côtés A′B′, A′C′.

Si l'on place l'un sur l'autre les deux angles égaux, A, A′, les côtés qui les forment étant égaux chacun à chacun, les points B et B′, C et C′, et par suite les triangles coïncideront.

13 *Corollaire.* Dans tout triangle isocèle, les angles opposés aux côtés égaux, sont aussi égaux.

En effet, si, dans la démonstration précédente, chacun des deux angles égaux, a ses côtés égaux entre eux, on pourra, en retournant le triangle ABC sens dessus dessous, l'appliquer d'une seconde manière sur le triangle A′B′C′, en sorte que dans ces deux manières d'appliquer le premier triangle sur le second, les angles A et B viendront successivement coïncider avec le même angle B′; ils sont donc égaux.

THÉORÈME 7.

14 Deux triangles sont égaux lorsqu'ils ont un côté égal adjacent à deux angles égaux chacun à chacun.

Fig. 6.   Soient le côté AB et les angles A et B, respectivement égaux au côté A′B′ et aux angles A′, B′.

Si l'on fait coïncider les côtés et les angles égaux, les points C et C′ se trouveront à la fois sur les deux mêmes droites; ils se confondront donc au point d'intersection de ces droites.

15 *Corollaire.* Quand un triangle a deux angles égaux, les côtés opposés à ces angles sont aussi égaux, et le triangle est isocèle.

En effet, si, dans la démonstration précédente, chacun des côtés égaux est adjacent à deux angles égaux entre eux, les deux triangles pourront s'appliquer d'une seconde manière l'un sur l'autre; car, en retournant le premier triangle avant de l'appliquer sur le second, c'est l'angle C qui coïncidera avec l'angle B′. Dans ces deux manières de faire coïncider les triangles, les côtés AB, AC viennent successivement s'appli-

. quer sur le même côté A'B'; ils sont donc égaux, et par conséquent le triangle est isocèle.

THÉORÈME 8.

16 Dans tout triangle un côté quelconque est plus petit que
la somme des deux autres.

En effet, ces deux côtés forment une ligne brisée, qui est
plus longue que la droite qui joint ses deux extrémités.

THÉORÈME 9.

17 Lorsque deux triangles ont un angle inégal compris
entre côtés égaux chacun à chacun, le plus grand des deux
autres côtés, est celui qui est opposé au plus grand angle.

Fig. 7. Plaçons les deux triangles ABC et ABD de manière qu'ils
aient un côté AB commun; supposons en outre que AC = AD,
et que l'angle BAC soit plus grand que BAD. Il faut démontrer que le côté BD est plus petit que le côté BC.

Si l'on mène la bissectrice AE de l'angle total CAD, elle
tombera dans le plus grand des deux angles inégaux. Les deux
triangles CAE, DAE ont un angle égal compris entre côtés
égaux; ils sont donc égaux, et par conséquent les côtés CE et DE
le sont aussi. La ligne droite BEC ou BC est donc égale à la
ligne brisée BED; et, comme le côté BD est plus petit que
cette ligne brisée, il est aussi plus petit que BC.

THÉORÈME 10.

18 Deux triangles sont égaux lorsqu'ils ont les trois côtés
égaux chacun à chacun.

Fig. 6. En effet, si les deux angles A et A', par exemple, n'étaient
pas égaux, les deux triangles auraient un angle inégal compris
entre côtés égaux, et ainsi les côtés opposés à ces angles ne
seraient pas égaux (n° 17), ce qui est contre l'hypothèse.

THÉORÈME 11.

19 Dans tout triangle isocèle la médiane menée du sommet
de l'angle formé par les deux côtés égaux, se confond avec la
bissectrice de l'angle et la hauteur du triangle.

Fig. 8. En effet, le point D étant le milieu de la base BC, les deux triangles ABD, ACD ont leurs trois côtés égaux chacun à chacun, et sont par conséquent égaux (n° 18). La médiane AD est donc la hauteur du triangle, puisque les angles adjacents ADB et ADC son égaux; elle est aussi la bissectrice de l'angle BAC, puisque les deux angles BAD, CAD sont égaux.

THÉORÈME 12.

20 Deux triangles rectangles sont égaux quand ils ont l'hypoténuse égale et un côté égal.

Fig. 8.   Plaçons les deux triangles de manière qu'ils aient un côté AD commun. La ligne BDC est droite, puisque les deux angles adjacents ADB, ADC sont droits (n° 6). Les hypoténuses AB, AC étant égales, le triangle ABC est isocèle; donc, BD = DC (n° 19), et les deux triangles ABD, ADC sont égaux (n° 18).

THÉORÈME 13.

21 Deux triangles rectangles sont égaux lorsqu'ils ont l'hypoténuse égale et un angle égal.

Fig. 9.   En effet, si l'on place les deux triangles l'un sur l'autre de manière qu'ils aient l'hypoténuse BC commune et l'angle B commun, les deux côtés qui partent du point B se confondront en BA, puisqu'ils doivent être perpendiculaires à la droite AC.

CHAPITRE III

GRANDEUR RELATIVE DE LA PERPENDICULAIRE ET DES OBLIQUES MENÉES D'UN MÊME POINT A UNE MÊME DROITE.

THÉORÈME 14.

22 Si dans un triangle ABC l'angle A est plus grand que l'angle B, le côté opposé à l'angle A sera plus grand que le côté opposé à l'angle B.

Fig. 10.   Pour le démontrer, je forme dans l'angle A un angle BAD égal à l'angle B. Il en résulte que les côtés AD, BD, opposés à ces angles égaux, dans le triangle ABD, sont eux-mêmes égaux (n° 15), et, par suite, que la ligne brisée ADC égale la ligne droite BDC. Mais le côté AC est plus petit que la ligne brisée ADC; il est donc plus petit que le côté BC, égal à la ligne brisée.

THÉORÈME 15.

23 Si d'un point B l'on mène une perpendiculaire BA et une oblique BC à une même droite AC, la perpendiculaire sera plus courte que l'oblique.

Fig. 9.   Car, dans le triangle ABC l'oblique est opposée à un angle droit, et la perpendiculaire à un angle aigu (n° 10). L'oblique est donc plus grande que la perpendiculaire, puisque dans le même triangle, elle est opposée à un plus grand angle (n° 22).

24 *Remarque.* La perpendiculaire abaissée d'un point sur une droite représente la vraie distance du point à la droite, puisqu'elle est plus petite que toute oblique menée du même point.

THÉORÈME 16.

25 Deux obliques AB, AC qui partent du même point, et aboutissent à des distances égales du pied de la perpendiculaire AD, sont égales.

Fig. 8.   En effet, BD étant égal à CD, et le côté AD étant commun aux deux triangles ABD, ACD, il s'ensuit que ces deux triangles ont un angle égal compris entre côtés égaux, ils sont donc égaux, et, par conséquent les côtés AB, AC le sont aussi.

THÉORÈME 17.

26 Si deux obliques quelconques partent d'un même point et aboutissent à une même droite, la plus longue est celle qui s'écarte le plus de la perpendiculaire.

Fig. 11.   L'oblique BD est plus longue que l'oblique BC, puisque dans le triangle BCD la première est opposée à un angle obtus, et la seconde à un angle aigu (n°s 10 et 22).

27 *Remarque.* On voit par là que deux obliques qui ne s'écartent pas également de la perpendiculaire, ne sont pas égales. Ainsi se trouvent démontrées la dérivée de la proposition précédente, et, par conséquent, aussi sa réciproque, qui est :

Deux obliques égales s'écartent également de la perpendiculaire.

CHAPITRE IV

DES LIEUX GÉOMÉTRIQUES.

Définition.

28 La ligne formée de tous les points qui jouissent d'une même propriété, s'appelle un lieu géométrique.

Pour établir qu'une ligne est un lieu géométrique, il faut donc démontrer que chacun de ses points jouit de la propriété énoncée, et que tout point étranger à la ligne ne jouit pas de cette propriété.

La seconde proposition étant la dérivée de la première, on pourra la remplacer par son équivalente, c'est-à-dire, qu'après avoir démontré la première proposition, on aura le choix de démontrer ensuite sa dérivée ou sa réciproque (n° 2).

THÉORÈME 18.

29 Tout point A de la perpendiculaire AD, élevée sur le milieu de la droite BC, est également distant des extrémités de cette droite.

Fig. 8. En effet, les deux triangles rectangles ABD, ACD ont un angle égal compris entre côtés égaux. Ces deux triangles sont donc égaux, et, par conséquent, les deux côtés AB, AC le sont aussi.

THÉORÈME 19.

30 Tout point A également distant des extrémités de la droite BC, est situé sur la perpendiculaire élevée au milieu de cette droite.

Fig. 8. En effet, les deux distances AB et AC étant égales, le triangle ABC est isocèle; par conséquent la hauteur et la médiane menées du point A se confondent (n° 19).

31 *Remarque.* Cette proposition étant la réciproque de la précédente, il résulte de ces deux théorèmes, que la perpendiculaire élevée au milieu d'une droite, est le lieu des points également distants des extrémités de cette droite (n° 28).

THÉORÈME 20.

32 Tout point B de la bissectrice d'un angle, est également distant des côtés de l'angle.

Fig. 12.   En abaissant les deux perpendiculaires BC, BD, on forme deux triangles rectangles ABC, ABD, qui sont égaux, puisqu'ils ont l'hypoténuse égale et un angle égal (n° 21); donc BC = BD.

THÉORÈME 21.

33 Tout point B également distant des côtés de l'angle CAD, est sur la bissectrice de cet angle.

Fig. 12.   Car, en menant AB on forme deux triangles rectangles qui sont égaux, puisqu'ils ont l'hypoténuse égale et un côté égal (n° 20); donc l'angle BAC = BAD, et ainsi AB est la bissectrice de l'angle CAD.

34 *Remarque.* Cette proposition est la réciproque de la précédente; leurs dérivées sont donc démontrées, et il s'ensuit que la bissectrice d'un angle est le lieu géométrique des points également distants des côtés de cet angle (n° 28).

CHAPITRE V

THÉORIE DES PARALLÈLES.

Définitions.

35 Une droite est parallèle à une autre lorsque, les deux droites étant dans le même plan, tous les points de la première sont à égale distance de la seconde (n° 24) (1).

---

(1) On suit ici pour les parallèles la marche qui a été suivie pour les perpendiculaires. La définition dit quand une droite est perpendiculaire ou parallèle à une autre droite, et l'on démontre ensuite que la seconde droite est

15

Quand deux droites sont coupées par une sécante, les
quatre angles compris entre les deux droites s'appellent internes. Deux angles internes qui ne sont pas du même côté
de la sécante, s'appellent alternes-internes; pareillement,
deux angles externes qui ne sont pas du même côté de la sécante sont dits alternes externes. Un angle interne et un angle
externe qui sont placés du même côté de la sécante, sont
appelés angles correspondants.

THÉORÈME 22.

36 Toute perpendiculaire à une droite, est aussi perpendiculaire à sa parallèle.

Fig. 13. Supposons EF parallèle à GH; je dis que la perpendiculaire
AB à la droite GH, est aussi perpendiculaire à sa parallèle EF.

En effet, si BA n'est pas perpendiculaire à EF, soient BC
la perpendiculaire menée du point B sur EF, et CD la perpendiculaire abaissée du point C sur GH.

Les deux perpendiculaires AB, CD, abaissées des deux
points A et C sur GH, sont égales, puisque EF est parallèle à
GH (n° 35). D'ailleurs CB est oblique à GH, elle est donc plus
grande que la perpendiculaire CD. Mais cette même droite
BC est perpendiculaire à EF, elle est donc plus courte que BA,
supposée oblique à EF, et par conséquent, plus courte que CD,
puisque AB = CD. Ainsi, la droite BC serait à la fois plus
longue et plus courte que CD, ce qui est impossible. Il est donc
pareillement impossible qu'une perpendiculaire à une droite
GH, ne soit pas en même temps perpendiculaire à sa parallèle
EF.

37 *Corollaire 1.* Lorsqu'une droite est parallèle à une autre,
la seconde est aussi parallèle à la première, puisque leurs
perpendiculaires sont communes, et les deux droites sont dites
parallèles entre elles.

---

perpendiculaire ou parallèle à la première. Enfin l'on démontre qu'il suffit
qu'une droite ait deux points à égale distance d'une autre pour lui être parallèle, comme on démontre qu'il suffit qu'une droite soit perpendiculaire à deux
autres qui passent par son pied dans un plan, pour qu'elle soit perpendiculaire
à ce plan.

Corollaire 2. Deux parallèles sont partout également distantes, puisque leurs perpendiculaires sont communes et égales.

38 *Corollaire 3.* Deux parallèles ne peuvent jamais se rencontrer, puisqu'elles sont partout également distantes.

Corollaire 4. Un perpendiculaire et une oblique à une même droite ne sont pas parallèles, puisque toute perpendiculaire à à une droite est aussi perpendiculaire à sa parallèle.

THÉORÈME 23

39 Par un point A on ne peut mener qu'une parallèle à une droite BC.

Fig. 14.
Car, ayant mené AB perpendiculaire à BC, si l'on pouvait mener par le point A deux droites AD, AE parallèles à BC, elles seraient toutes deux perpendiculaires à AB (n° 36), ce qui est impossible (n° 9).

THÉORÈME 24.

40 Les angles alternes-internes formés par deux parallèles et une sécante sont égaux.

Fig. 15.
Par le milieu de AB, menons CD perpendiculaire aux deux parallèles (n° 36). Les deux triangles rectangles AOC, BOD sont égaux, comme ayant l'hypoténuse égale et un angle égal; donc les angles CAO, DBO sont égaux.

41 *Corollaire.* Ces deux angles étant égaux, ceux qui leur sont opposés le sont aussi. Ainsi les quatre angles aigus sont égaux entre eux; les quatre angles obtus le sont pareillement, puisqu'ils sont les suppléments d'angles égaux.

On voit par là que deux parallèles coupées par une sécante, font toujours avec cette sécante :

1° Des angles alternes-internes égaux ;

2° Des angles alternes-externes égaux ;

3° Des angles correspondants égaux;

4° Des angles internes d'un même côté supplémentaires ;

5° Des angles externes d'un même côté supplémentaires.

THÉORÈME 25.

42 Deux droites non parallèles font avec une sécante des angles alternes-internes inégaux.

En effet, si la première droite tourne autour du point A, elle cesse à la fois d'être parallèle à l'autre (n° 38), et de faire avec la sécante des angles alternes-internes égaux.

43 *Remarque*. Cette proposition démontre la dérivée, et, par conséquent, la réciproque de la précédente. Il en résulte qu'on doit regarder comme démontrées les réciproques et les dérivées de toutes les propositions énoncées au n° 41.

THÉORÈME 26.

44 Deux perpendiculaires à une même droite sont parallèles entre elles.

En effet, les angles alternes-internes sont égaux, puisqu'ils sont droits.

THÉORÈME 27.

45 Deux droites parallèles à une troisième sont parallèles entre elles.

En effet, toute perpendiculaire à la troisième droite, sera aussi perpendiculaire aux deux autres, qui, pour cela, sont parallèles entre elles (n° 44).

THÉORÈME 28.

46 Une droite qui a deux points à égale distance et du même côté d'une autre droite, est parallèle à cette droite.

Supposons que les deux points A et C soient également distants de la droite GH; en sorte que les lignes AB, CD, perpendiculaires à cette droite, soient égales; je dis que la droite EF, conduite par ces deux points sera parallèle à GH.

En effet, les perpendiculaires AB, CD à une même droite sont parallèles (n° 44); les angles alternes-internes ABC, BCD, qu'elles forment avec la sécante EC, sont donc égaux (n° 40). Les triangles ABC, BCD, ayant un angle égal compris entre côtés égaux, sont égaux, et, par suite, l'angle BAC est égal à l'angle droit CDB. Donc les deux droites EF, GH sont perpendiculaires à une même droite AB, et, par conséquent, elles sont parallèles (n° 44).

THÉORÈME 29.

47 Deux parallèles AB, CD, comprises entre deux autres parallèles, EF, GH, sont égales.

18

Fig. 13. Car la sécante BC faisant avec les premières, aussi bien qu'avec les dernières, des angles alternes-internes égaux, il s'ensuit que les deux triangles ABC, BCD sont égaux, comme ayant un côté égal adjacent à deux angles égaux chacun à chacun; donc AB = CD.

THÉORÈME 30.

48 Deux angles qui ont leurs côtés parallèles, sont égaux ou supplémentaires.

Fig. 20. En effet, les angles correspondants sont égaux lorsque les droites coupées par la sécante, sont parallèles (n° 40); donc on a $c = b$, et $a = b$, d'où $a = c$. Ensuite l'angle c' étant le supplément de l'angle c, il est aussi le supplément de l'angle a. Donc deux angles qui ont leurs côtés parallèles, sont égaux ou supplémentaires.

THÉORÈME 31.

49 Si les deux côtés d'un angle sont respectivement perpendiculaires à ceux d'un autre, les deux angles sont égaux ou supplémentaires.

Fig. 21. Par le sommet de l'angle a, menons des parallèles aux côtés l'angle c; l'angle a', ainsi formé, sera égal à l'angle c (n° 48); les angles a et a' sont aussi égaux, puisqu'ils ont le même complément e. Comme d'ailleurs c' est le supplément de c, et qu'il a aussi ses côtés perpendiculaires à ceux de l'angle a, il s'ensuit que deux angles qui ont leurs côtés perpendiculaires, sont égaux ou supplémentaires.

THÉORÈME 32.

50 La somme des trois angles d'un triangle égale deux droits.

Fig. 22. Soient a, b, c les trois angles du triangle. Par l'un des sommets menons une parallèle au côté opposé à ce sommet, et prolongeons l'un des deux autres côtés. Les angles a et a' sont égaux, comme angles alternes-internes formés par des parallèles et une sécante; les angles c, c' le sont aussi comme correspondants. Remplaçant a' et c' par a et c dans la somme $a' + b' + c$, qui égale deux droits, on aura la somme $a + b + c$ égale aussi à deux droits.

Corollaire 1. Un quelconque des trois angles d'un triangle, est le supplément de la somme des deux autres.

Corollaire 2. Dans tout triangle rectangle les deux angles aigus sont complémentaires l'un de l'autre.

Corollaire 3. Si l'on prolonge l'un des côtés du triangle, l'angle extérieur vaut la somme des deux angles non adjacents.

THÉORÈME 33.

51 La somme des angles d'un polygone convexe de n côtés vaut $2(n-2)$ angles droits.

En effet, si l'on joint un sommet quelconque à tous les autres sommets du polygone, on forme $n-2$ triangles; et comme chacun donne deux angles droits, on aura $2(n-2)$, ou $2n-4$, pour la somme des angles du polygone.

CHAPITRE VI

DES QUADRILATÈRES.

Définitions.

52 On appelle quadrilatère tout polygone de quatre côtés.

Le trapèze est un quadrilatère qui a deux côtés parallèles.

Le parallélogramme est un quadrilatère dont les côtés opposés sont parallèles.

Le rectangle est un parallélogramme qui a ses angles droits.

Le losange est un parallélogramme qui a ses côtés égaux.

Le carré est un rectangle qui a ses côtés égaux. Il est donc à la fois rectangle et losange : il a ses côtés égaux et ses angles droits.

THÉORÈME 34.

53 Dans tout parallélogramme les côtés opposés sont égaux.

Fig. 19. Car, les angles alternes-internes que forment deux parallèles avec une sécante étant égaux, il s'ensuit que les deux triangles ABC, BCD ont un angle égal compris entre côtés égaux, et sont égaux. Donc AB = CD et AC = BD.

Corollaire. De l'égalité des mêmes triangles, il résulte que les angles opposés d'un parallélogramme sont égaux.

THÉORÈME 35.

54 Tout quadrilatère qui a ses côtés opposés égaux, est un parallélogramme.

Fig. 19. En effet, les deux triangles ABC, BCD sont équilatéraux entre eux, et par conséquent égaux ; donc les angles alternes-internes que forme la sécante avec les côtés opposés sont égaux, et, par suite, ces côtés sont parallèles (n° 43).

THÉORÈME 36.

55 Tout quadrilatère dont deux côtés sont égaux et parallèles, est un parallélogramme.

Fig. 19. Car, si les deux côtés AB, CD sont égaux et parallèles, les deux triangles ABC, BCD ont un angle égal compris entre côtés égaux, et ils sont égaux. Les côtés opposés du quadrilatère sont donc parallèles, puisque les angles alternes-internes sont égaux (n° 43).

THÉORÈME 37.

56 Les diagonales d'un parallélogramme se coupent mutuellement en deux parties égales.

Fig. 23. En effet, puisque les côtés AB, CD sont égaux et parallèles, les deux triangles ABO, CDO ont un côté égal adjacent à deux angles égaux ; donc AO = OD et OB = OC.

Fig. 24. *Corollaire.* Les diagonales d'un losange se coupent à angles droits ; car le triangle ABC étant isocèle, la médiane BO est perpendiculaire à AC (n° 19).

DEUXIÈME PARTIE

DES PLANS ET DES DROITES PARALLÈLES

DÉFINITIONS

57 Un plan est parallèle à un autre plan lorsque tous les points du premier sont à égale distance du second.

Une droite est parallèle à un plan lorsque tous les points

de la droite sont à égale distance du plan. Dans le même cas, le plan est dit aussi parallèle à la droite.

Il résulte de cette définition qu'une droite parallèle à un plan est aussi parallèle à sa projection sur ce plan, et réciproquement.

THÉORÈME 1

58 Toute droite AB perpendiculaire à un plan MN, est aussi perpendiculaire au plan PQ, parallèle à MN.

Fig. 25. Car, si AB n'est pas perpendiculaire au plan PQ, soient BC la perpendiculaire menée du point B sur le plan PQ, et CD la perpendiculaire abaissée du point C sur le plan MN. En répétant identiquement le raisonnement qui a été fait (n° 36) pour le cas d'une droite parallèle à une autre, on en conclut que AB est perpendiculaire au plan PQ, aussi bien qu'au plan MN.

Corollaire 1. Quand un plan est parallèle à un autre, le second est aussi parallèle au premier, et les deux plans sont dits parallèles entre eux.

Corollaire 2. Deux plans parallèles entre eux sont partout à égale distance.

Corollaire 3. Quand deux plans sont parallèles, toute droite située dans l'un est parallèle à l'autre.

THÉORÈME 2.

59 Deux plans MN, PQ perpendiculaires à une même droite AB, sont parallèles entre eux.

En effet, toute perpendiculaire CD menée d'un point quelconque du premier sur le second, est égale à AB; car AB CD est un rectangle, puisque le côté AB est à la fois parallèle à CD, et perpendiculaire aux côtés AC, BD.

Corollaire. Deux plans parallèles à un troisième, sont parallèles entre eux.

Car, si l'on mène une perpendiculaire au troisième plan, elle sera aussi perpendiculaire aux deux autres, qui, se trouvant ainsi perpendiculaires à une même droite, sont parallèlles entre eux

THÉORÈME 3.

60 Par un point on peut toujours mener un plan parallèle à un autre plan, et l'on n'en peut mener qu'un.

1° Car, si par le point donné l'on mène une droite perpendiculaire au plan, et un plan perpendiculaire à cette droite, les deux plans se trouvent perpendiculaires à la même droite, et par conséquent parallèles.

2° Par le point donné, on ne peut mener qu'un plan parallèle à un autre; car si l'on en pouvait mener deux, ils seraient l'un et l'autre perpendiculaires à la droite abaissée du point sur le plan donné (n° 58), ce qui est impossible.

THÉORÈME 4.

61 Quand un plan MN a trois points A, B, C, non en ligne droite, également distants d'un autre plan PQ, et situés du même côté de ce plan, il lui est parallèle.

Fig. 26. En effet, menons les trois perpendiculaires AA', BB', CC', au plan PQ, et joignons leurs extrémités. Comme ces trois perpendiculaires sont égales entre elles, et que chacune est perpendiculaire aux droites qui passent par son pied dans le plan PQ, il en résulte que AA'BB', AA'CC' sont des rectangles, et qu'ainsi AA' est perpendiculaire à deux droites qui passent par son pied dans le plan MN, et, par suite, à ce plan. Les deux plans MN, PQ sont donc parallèles, puisqu'ils sont perpendiculaires à une même droite AA' (n° 59).

THÉORÈME 5.

62 Deux droites parallèles à une troisième, sont parallèles entre elles.

En effet, un plan perpendiculaire à la troisième droite, est aussi perpendiculaire aux deux autres, qui sont, pour cela, parallèles entre elles.

THÉORÈME 6.

63. Si deux plans passent par deux droites parallèles, leur intersection est parallèle à chacune de ces droites.

En effet, si par un point de l'intersection, on mène une

parallèle à l'une des deux droites, elle sera parallèle à l'autre; ainsi elle sera dans les deux plans, et ne pourra être que leur intersection.

THÉORÈME 7.

64 Les intersections de deux plans parallèles par une troisième, sont parallèles.

En effet, l'intersection sur l'un des deux plans et sa projection sur l'autre, sont parallèles; le plan qui contient cette projection et le troisième plan, passent donc par deux droites parallèles; donc leur intersection étant parallèle à chacune d'elles, les deux intersections sont parallèles entre elles.

THÉORÈME 8.

65 Si une droite est parallèle à une autre droite située dans un plan, elle est aussi parallèle à ce plan.

En effet, ce plan et celui qui passe par la première droite et par sa projection sur le plan, passent par les deux parallèles données : ces deux parallèles sont donc aussi parallèles à l'intersection des plans, qui n'est autre que la projection de la première droite; ainsi la première droite étant parallèle à sa projection sur le plan, est parallèle au plan.

St-Étienne, imp. Montagny.